K.BLUE'S

*

≈ Lovely Rag Doll ≈

케이블루의 러블리 헝겊 인형

초판 1쇄 발행 2024년 12월 30일

지은이 김소영
펴낸이 이지은 **펴낸곳** 팜파스
진행 이진아 **편집** 정은아
디자인 조성미
마케팅 김서희, 김민경

출판등록 2002년 12월 30일 제 10-2536호
주소 서울특별시 마포구 어울마당로5길 18 팜파스빌딩 2층
대표전화 02-335-3681 **팩스** 02-335-3743
홈페이지 www.pampasbook.com | blog.naver.com/pampasbook
인스타그램 www.instagram.com/pampasbook
이메일 pampasbook@naver.com

값 22,000원
ISBN 979-11-7026-690-7 (13590)

K.BLUE's
✽
≈ Lovely Rag Doll ≈

케이블루의 러블리 헝겊 인형

김소영 지음

팜파스

귀여운 인형을 보면 절로 미소가 지어져요.

어릴 적에 방 안에 가득했던 인형들에게 일일이 굿나잇 인사를 하고 잠들었답니다.

친구들에게 생일 선물로 인형을 사 달라고 조르기도 했고, 다 큰 고등학교 시절에도 책상 위 책장에는 책이 아닌 인형의 집이 자리 잡고 있었어요.

집순이인 어린 시절의 나에겐 인형이 영혼의 친구였던 것 같아요.

인형을 만든다는 일은 어렵게 느껴져서 아주 가끔 시도해 보았다가 복잡해서 포기하곤 했죠.

어느 날 저의 작품 중에서 소녀 자수로 인형으로 만들어다 준 제자 덕분에 자극을 받아 '내 스타일의 인형을 만들어 볼까?' 하고 도전하게 되었어요.

아무리 하기 싫던 일도 뭔가에 꽂히면 달리는 저이기에 매일매일 인형을 만들기 시작했어요.

중간에 포기하지 않도록 최대한 간단하면서도 손에 쏘옥 들어오는 귀여운 인형들을 여러 가지로 만들어 보았어요. 소녀들을 하다 보니 동물 친구들도 만들면서 더 풍성하게 되었네요.

와글와글 한꺼번에 모아두니 아이들이 소곤소곤 즐거워하는 듯해요.

귀엽고 사랑스러운 작은 인형들을 만들어 두면 바라만 보아도 미소가 지어지는 행복을 선물해 줄 거예요. 여러분도 지금부터 작은 생명을 탄생시켜 보시겠어요?

K.BLUE's
~ Lovely Rag Doll ~

CONTENS

옷 만들기

1

주름치마 만들기
· 048 ·

2

앞치마 원피스
· 050 ·

3

바지
· 052 ·

4

점프슈트
· 054 ·

5

민소매 티
· 056 ·

6

민소매 원피스
· 058 ·

7

조끼
· 060 ·

8

멜빵바지
· 062 ·

9

허리 앞치마
· 064 ·

10

모자
· 066 ·

11

목도리
· 068 ·

12

케이프
· 070 ·

K.BLUE's
*
~ Lovely Rag Doll ~

BASIC
01

인형 만들기의 기초

재료

원단   면, 아사, 린넨, 선염해지, 기모, 옷 재활용 등을 사용했습니다.
인형의 얼굴과 몸은 대부분 면 20수를 사용합니다. 의상은 면, 린넨, 거즈 등
다양한 원단으로 사용합니다.
목도리의 경우 집에서 잘 입지 않는 티셔츠나 양말을 잘라 사용합니다.
인형 옷을 제작할 때도 입지 않는 옷들을 활용해서 만들어도 좋습니다.
무늬 원단을 사용할 때는 작은 인형이므로 패턴이 작은 걸로 사용해 주세요.

1	**양모펠트**	인형의 머리를 표현할 때 사용합니다. 다양한 색으로 표현해 보세요.
2	**펠트지**	모자를 만들 때 사용합니다. 이 작품에서는 2mm 펠트지를 사용하였습니다.
3	**비즈**	인형의 눈이나 액세서리를 표현할 때 사용합니다.
4	**레이스**	인형 옷의 장식이나 목 주변의 장식으로 사용합니다.
5	**실크리본**	인형의 목 장식이나 머리 액세서리로 사용합니다.
6	**방울솜**	인형의 충전제로 사용합니다. 꽉 채워 넣으면 단단하게 되고, 적당히 넣으면 말랑 말랑한 느낌으로 채워집니다. 뭉치지 않게 골고루 넣어 줍니다.

도구에 대하여

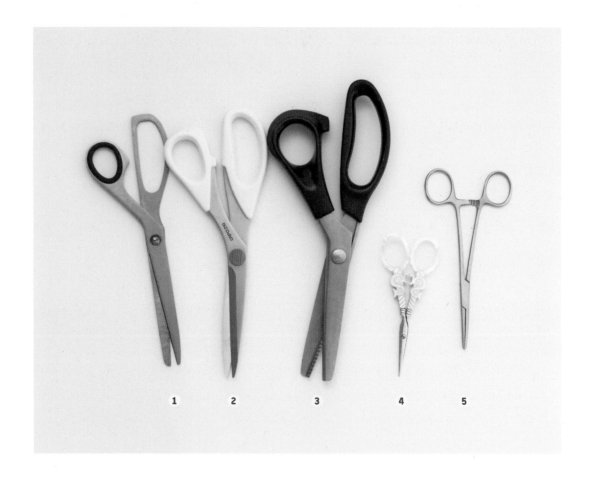

가위

1 일반가위 : 인형의 종이 도안을 오릴 때 사용합니다.

2 재단가위 : 원단을 자를 때 사용합니다.

3 핑킹가위 : 바느질 후 몸통을 핑킹가위로 잘라 줍니다.

4 실가위 : 자수를 하거나 몸통을 바느질할 때 사용합니다.

5 겸자가위 : 인형을 재봉 후 뒤집을 때나 방울솜을 채워 넣을 때 사용합니다.

1	**실**	재봉사 : 인형의 박음질하거나 조립할 때 사용합니다. 잘 끊어지지 않는 퀼트사로 사용해도 좋습니다. DMC25번사 : 인형의 곳곳에 자수를 놓을 때 사용합니다.
2	**바늘**	일반적인 프랑스 자수 바늘을 사용합니다. 작업에서는 대체로 8호와 10호를 사용했습니다.
3	**시침핀**	인형을 두 장 맞대어 재봉할 때 고정 용도로 사용합니다.
4	**펠트바늘**	펠트를 찌르는 데 사용합니다.
5	**자**	인형의 옷을 재단선을 그릴 때 사용합니다.
6	**색연필**	원단에 도안을 그릴 때 사용합니다. 대부분 수성펜을 사용하지만 진한 색 원단에는 하얀색 연필로 사용하여 그려 줍니다.
7	**패브릭 수성펜**	원단에 도안을 그릴 때 사용합니다. 완성 후 물을 뿌리면 펜 자국이 사라집니다.
8	**목공용 풀**	시접이 작아 바느질하기 어려운 부분은 풀로 붙여 주세요.

기본 바느질

1 도안 그리기

종이 도안을 오린 후, 도안을 천 위에 올려 연필이나 수성펜으로 그려 줍니다. 시접선으로 잘라 줍니다.

2 가위집 내기

곡선부분을 자연스럽게 뒤집을 수 있도록 가위로 시접의 끝을 잘라 줍니다. 핑킹가위로 잘라도 됩니다.

3 솜 넣기

겸자가위를 이용하여 방울 솜을 조금씩 잡아 끝부터 꼼꼼히 채워 줍니다. 너무 많은 양을 뭉텅이로 넣으면 울퉁불퉁해집니다.

4 공그르기

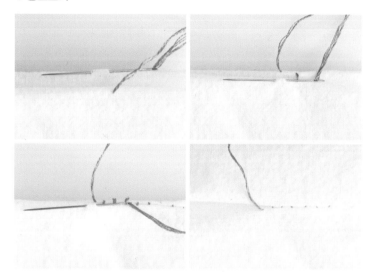

헝겊의 시접을 접어 맞대어 양쪽에서 수직으로 번갈아 넣어 실 땀이 시접의 겉으로 나오지 않도록 꿰매어 줍니다. 인형의 창구멍을 막아 줍니다.

5 감침질

천의 접힌 끝부분을 살짝 떠서 천을 감싸듯 바느질합니다. 인형의 창구멍이나 옷의 여밈을 막을 때 사용합니다.

6 인형의 몸에 매듭 안 보이게 하기

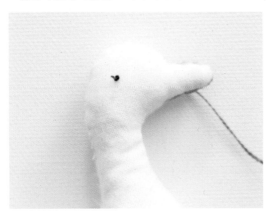 

시작 실을 매듭진 후 인형의 원하는 부분으로 통과시켜 살짝 힘을 주어 당기면 매듭이 몸통 안으로 들어가 숨겨집니다.

　너무 힘을 과하게 주면 다시 매듭이 빠져 나오므로 적당히 당겨 주세요.

마무리 작업을 끝내면 바늘을 멀리 찔러 빼주어 실을 잘라서 마무리해 주세요.

7 주름잡기

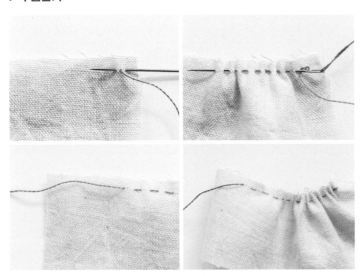

인형의 옷을 만들 때 사용합니다. 홈질을 하여 실을 당겨 주름을 잡아 줍니다.

수놓는 법

— 이 책에서는 DMC25번사를 사용했으며 원하는 길이로 잘라 작품에 맞는 가닥 수를
뽑아 사용합니다.

— 실 사용 설명 보는 법
레이지 데이지s 743(2) → DMC25번사 743번 2가닥으로 레이지 데이지 스티치를
합니다.
프렌치 노트s 433(2가닥, 2회) → DMC25번사 433번 2가닥으로 2회 돌려 프렌치
노트 스티치를 합니다.

러닝 스티치　　가장 기초 바느질로 홈질이라고도 합니다. 작은 인형이므로 땀을 작게 꼼꼼히 해 줍니다.

백 스티치　　박음질이라고 하며 러닝 스티치보다 단단히 꿰맬 수 있습니다. 코너 부분이나 둥근 부분
에서는 촘촘하게 박음질해 주세요.

스트레이트 스티치

동물의 몸통이나 얼굴의 털을 표현할 때 사용합니다.

새틴 스티치

인형의 눈이나 코를 수놓을 때 사용합니다.

레이지 데이지 스티치

인형의 몸이나 옷에 꽃을 표현할 때 사용합니다.

프렌치 노트 스티치

인형의 눈이나 꽃의 수술로 사용할 때 사용합니다.

플라이 스티치

동물의 코나 치마 밑단의 장식으로 사용합니다.

블리온 스티치

꽃 봉우리를 수놓을 때 사용합니다.

주의할 점 : 인형의 얼굴이나 몸은 대부분 홈질을 사용하지만 곡선 부분
이나 꺾이는 부분은 단단히 박음질해 줍니다. 원하는 원단으로 몸체를 만
들거나 자수를 놓아서 포인트를 줄 수 있어요.

BASIC
02

인형 만들기

기본 공통 설명

얼굴 만들기

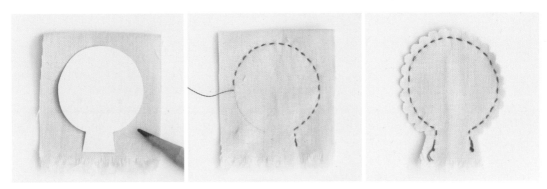

1 도안(132쪽)을 따라 그린 후, 시접 4mm 정도 바깥에서 핑킹가위로 잘라 주세요.

2 뒤집어서 방울솜으로 골고루 채워 주세요.

3 눈, 코, 입 표현하는 법

자수로 하기 수성펜으로 위치를 그린 뒤, 새틴 스티치로 수놓아 주세요.

비즈로 하기 자수 10호 바늘을 사용해야 비즈가 통과됩니다. 비즈 바늘을 사용해도 좋습니다.

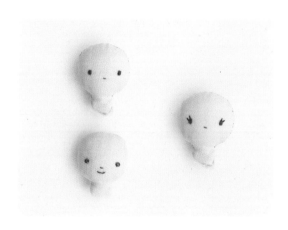

코와 입은 스트레이트로 수놓아 주세요. 눈썹이 있는 인형을 만들 경우 스트레이트로 눈썹을 수놓아 주세요.
사람 인형은 뒷면을 머리로 덮어 주기 때문에 눈을 작업할 때 뒤로 마무리해도 됩니다(동물 인형은 뒤쪽이 깨끗해야 하므로 마무리에 주의해 주세요).

4 볼 터치는 색연필이나 파스텔을 사용하거나, 립스틱을 면봉에 묻혀 다른 원단에 먼저 문지른 후 잔여분으로 볼에 문질러주세요.

BASIC 02

몸체 만들기와 조립하기

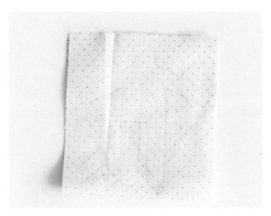

1 도안(132쪽)을 따라 그린 후, 시접 4mm 정도 바깥에서 핑킹가위로 잘라 주세요.

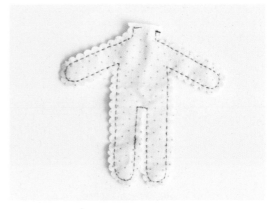

2 목이나 겨드랑이 다리 사이는 가위집을 한 번 더 내어 줍니다.

3 겸자가위로 다리에서부터 뒤집어 주세요. 구멍이 좁기 때문에 통과할 때 너무 힘을 주어 잡아당기면 천이 찢어질 수 있으니 주의해 주세요.

4 겸자가위로 몸통에 솜을 채워 줍니다.

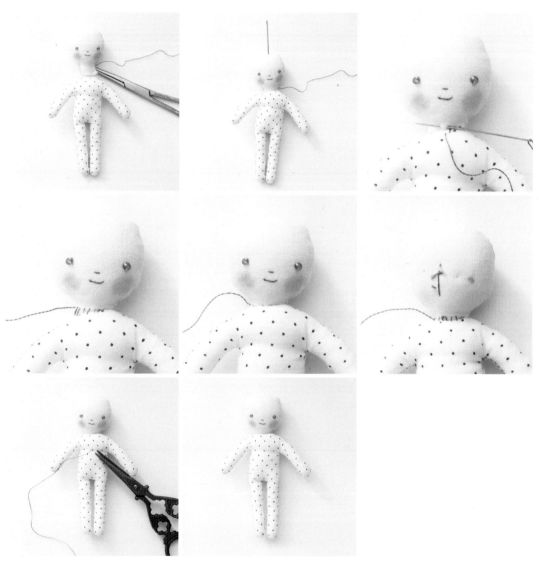

5 얼굴과 몸통을 위치를 맞게 잘 고정하여 시침핀으로 고정한 후 공그르기
  로 붙여 주세요.

헤어스타일

양모펠트를 이용하여 헤어스타일 준비하기

1 양모펠트 적당량을 덜어 줍니다.

2 양 끝을 잡고 천천히 당겨서 머리카락의 양만큼 준비해 주세요.

▶ 헤어스타일 만들기
영상으로 다시보기

긴 머리

1 머리의 중앙에 길게 놓고 정수리
부분을 펠트 바늘로 찔러 줍니다.

2 앞쪽의 머리를 뒤로 넘겨서 바늘
로 정리합니다.

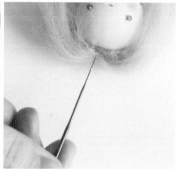

3 가로 방향으로 놓고, 정수리 부분
을 찔러 고정합니다.

4 한쪽을 다른 한쪽으로 넘겨 바늘로
찔러 정리해 줍니다.

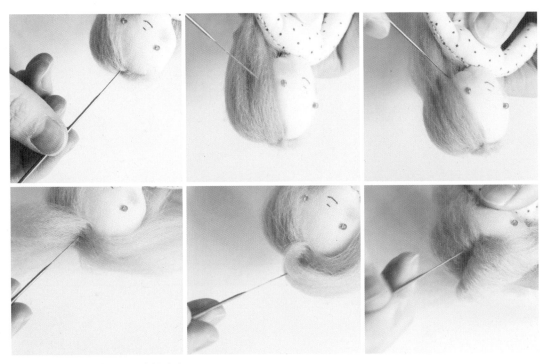

5 반대쪽도 같은 방법으로 해 줍니다.

6 머리가 빈 부분을 채워 주면서 마
무리해 주세요.

7 가위로 정리해 줍니다.

양 갈래 머리

1 긴 머리의 방법으로 기본 머리를 심어 주세요.

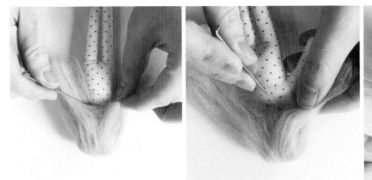

2 펠트 바늘로 반을 갈라 빈 곳이 없도록 잘 정리해 준 뒤 한 쪽씩 묶어 주세요.

삐삐 머리

양 갈래 머리의 방법으로 동일하게 한 후, 머리를 땋아 실로 묶어 주세요.

양머리

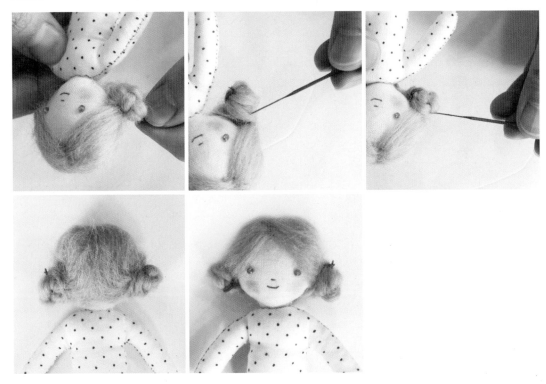

삐삐 머리의 방법으로 동일하게 한 후 머리를 동그랗게 말아서 찔러 주세요.

올림 머리

1 긴 머리와 동일하게 해 주세요.

2 뒷머리 아래 선을 따라 찔러 고정 해 주세요.

3 머리를 올려서 정리해 주세요.

4 정수리 부분에서 잘 모아서 찌른 후

5 돌돌 말아서 고정해 주세요.

옆 올림 머리

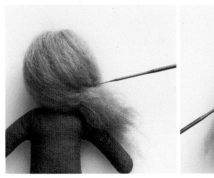

1 긴 머리와 동일하게 해 줍니다.

2 옆으로 모아서 바늘로 찔러 모양을 잡아 줍니다.

3 실로 묶어 줍니다.

4 뱅글뱅글 꼬아 감아서 바늘로 찔러 고정해 줍니다.

뽀글이 올림 머리

1 적당량으로 덜어낸 양모펠트를 손가락으로 돌돌 말아 위치를 잡아 바늘로 찔러 고정해 주세요.

2 남아 있는 길이를 계속 감아가면서 찔러 주세요.

3 옆 라인을 다 채운 뒤, 뒤통수도 같은 방법으로 모양을 잡아 줍니다.

4 적당량의 펠트를 돌돌 말아 정수리에 얹은 뒤, 바늘을 깊이 찔러 고정해 줍니다.

5 리본이나 실로 장식해 주세요.

원하는 원단으로 옷을 만들거나
자수를 놓아서 포인트를 줄 수
있어요.

BASIC
03

옷 만들기

기본 공통 설명

주름치마 만들기

재료 원단(면 또는 린넨) 18×3.5cm(시접 포함), 도안(134쪽)
도구 실, 바늘, 가위

1 원단을 사이즈대로 재단해 주세요.

2 밑단을 4mm 정도 접어 손다림질 해 준 뒤 홈질하거나 풀로 붙여 주세요.

 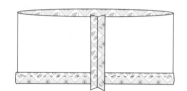

3 겉면이 마주 보도록 반을 접어 옆선을 홈질합니다.

4 허릿단을 5mm 접어서 촘촘히 홈질을 해 준 뒤, 몸통이 들어갈 만큼 구멍을 남기고 실을 당겨 매 듭지어 주세요.

5 인형에게 입힌 후, 허리에 살짝 집어서 고정해 주셔도 좋습니다.

6 주름치마를 완성한 뒤 가운데 부분에 박음질을 해 주면 치마바지가 됩니다.

2

앞치마 원피스

재료 원단(면 또는 린넨), 도안(134쪽)
도구 실, 바늘, 가위, 목공용 풀

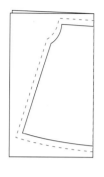 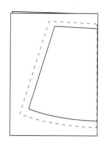

1 원단에 도안을 대로 그린 뒤, 시접 4mm로 잘라 주세요.

2 앞판 가슴과 진동둘레의 시접을 손으로 눌러 준 뒤 풀로 붙여 주세요.

3 뒷판의 허리선으로 시접을 접어서 풀로 붙여 주세요.

4 앞판과 뒷판의 겉과 겉을 맞대고 밑선에 맞추어 옆선을 홈질해 주세요.

5 아랫단을 접어 홈질해 주세요.

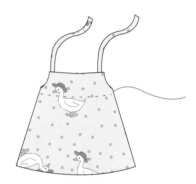

6 그림에 표시된 점선에 따라 홈질을 한 뒤 당겨서 주름을 만들어 주세요.

7 재단한 어깨 끝에 풀을 발라 반을 접어 말린 뒤, 원하는 사이즈로 잘라 위치를 잡고, 실로 고정하거나 풀로 붙여 주세요.

레이스와 자수가 있는 앞치마 원피스를 만들 수도 있어요.

레이지 데이지s 758(2)

레이지 데이지s 368(2)

완성 후 레이스를 홈질로 붙여 줍니다.

3

바지
〜

재료 원단(면 또는 린넨), 도안(135쪽)
도구 실, 바늘, 가위, 목공용 풀

❀ 짧은 바지, 긴 바지, 소시지 반바지
　모두 같은 방식으로 만들어 주세요.

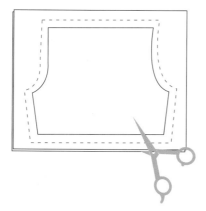

1 원단의 겉과 겉을 마주보게 겹친 뒤, 도안을 대고 그려 주세요.

2 시접(4mm)을 그린 후, 선을 따라 잘라 주세요.

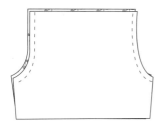

3 표시된 선까지 홈질해 주세요.

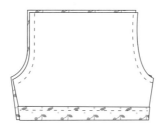

4 각각의 바지 원단 아랫단을 접어서 홈질해 주세요. 풀로 붙여도 됩니다.

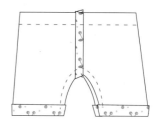

5 그림과 같이 십자로(+) 접어 주고, 중심선을 맞춘 뒤 다리 안쪽을 홈질해 주세요.

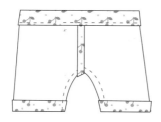

6 허리단을 접어 촘촘히 홈질한 후, 허리 두께에 맞게 조여서 마무리 해 주세요.

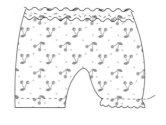

7 멜빵 소시지 바지를 만들 경우에는 아랫단을 촘촘히 홈질한 후, 적당히 당겨서 주름을 만들어 주세요.

8 앞치마 원피스와 동일하게 끈을 만들어 인형에게 바지를 입혀 본 뒤 길이에 맞게 잘라 달아 주면 끈이 달린 반바지가 됩니다.

4

점프슈트

재료 원단(면 또는 린넨), 도안(137쪽)
도구 실, 바늘, 가위

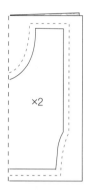

×2

1 원단의 겉과 겉을 마주보게 반으로 접은 뒤, 접힌 선에
바지 옆선을 맞추어 도안을 대고 2장을 그려 주세요.

2 시접(4mm)을 그린 후 선을 따라
가위로 잘라 주세요.

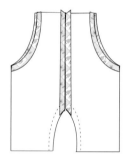

3 진동선을 접어 풀로 붙여 주고, 앞판과 뒷판의 중심선을
맞대어 표시된 선까지 앞뒷면 모두 홈질해 주세요.

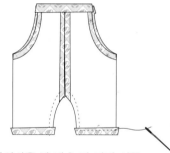

4 중심선을 잘 맞춘 뒤 바지 안쪽
선을 각각 홈질해 주세요.

5 바지 아랫단의 시접을 접어
홈질해 주세요.

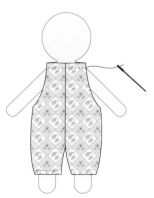

6 목 부분의 시접을 안쪽으로 접어
앞뒷면을 이어서 홈질하여 연결
한 뒤 인형에게 옷을 입혀 적당
히 당겨 주름을 잡아 줍니다.

7 바지 아랫단에 주름을 넣어 주면
또 다른 디자인이 됩니다.

5

민소매 티

재료 원단(면 또는 린넨), 도안(137쪽)
도구 실, 바늘, 가위, 목공용 풀

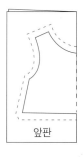

1 원단의 겉과 겉을 마주보게 접은 뒤, 접힌 선에 맞추어 앞판을 대고 그려서 시접을 잘라 주세요.

앞판

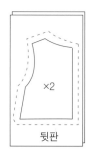

×2

뒷판

2 뒷판은 각각 도안을 대고 그려서 시접을 그려 잘라 주세요.

앞판

뒷판

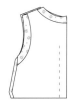

3 앞판과 뒷판의 목둘레와 진동둘레를 접어서 풀로 붙여 주세요.

4 뒷판의 겉과 겉을 맞대어 표시 선까지 홈질해 주세요.

앞판

뒷판

5 앞판과 뒷판의 겉과 겉을 맞대어 옆선을 홈질해 주세요.

6 밑단을 접어 홈질해 주세요.

7 인형에게 민소매 티를 입힌 후, 트인 부분을 공그르기로 막아 주세요.

레이스와 자수가 있는 민소매 티를 만들 수도 있어요.

프렌치 노트s
433(2가닥 2회)

레이지 데이지s
743(2)

레이스를 홈질로 붙여 줍니다.

6

민소매 원피스

재료 원단(면 또는 린넨), 도안(137쪽)
도구 실, 바늘, 가위, 목공용 풀

1 원단에 도안을 그린 뒤 시접을 4~5mm 두고 2장을 오려서 준비해 주세요.

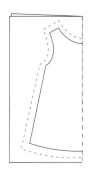

2 원단의 겉과 겉을 마주보게
접은 뒤, 접힌 선에 맞추어
앞판을 대고 그려서 시접을
잘라 주세요.

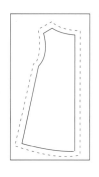

3 뒷판은 각각 도안을
대고 그려서 시접을
잘라 주세요.

4 앞판과 뒷판의 목둘레와 진동둘레를 접어서
풀로 붙여 주세요.

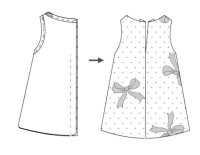

5 뒷판의 겉과 겉을 맞대어 표시선까지
홈질해 주세요.

6 앞판과 뒷판의 겉과 겉을 맞대어
옆선을 홈질해 주세요.

7 밑단을 접어 홈질해
주세요.

8 인형에게 원피스를 입힌 후, 트인 부분을
공그르기하여 막아 주세요.

조끼

재료 원단(면 또는 린넨), 도안(137쪽), 비즈
도구 실, 바늘, 가위, 목공용 풀

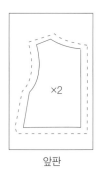

앞판

1 앞판은 겉과 겉이 마주보게 한 뒤,
도안을 대고 그린 후 시접을 잘라
주세요.

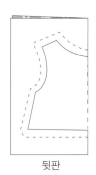

뒷판

2 뒷판은 원단의 겉과 겉을 마주보게
접은 뒤, 접힌 선에 맞추어 앞판을
대고 그려서 시접을 잘라 주세요.

앞판

3 앞판 뒷판 모두 목둘레와
진동선을 접어 풀로 붙여
주세요.

앞판

4 앞의 중심 부분의 시접을 접어
홈질해 주세요.

뒷판

5 앞판과 뒷판의 겉면을 마주보게 한 뒤,
어깨선과 옆선을 홈질해 주세요.

6 밑단을 접어 홈질해 주세요.

7 비즈로 단추 장식을 달아
주세요.

8

멜빵바지

재료 원단(면 또는 린넨), 도안(135쪽)
도구 실, 바늘, 가위, 목공용 풀

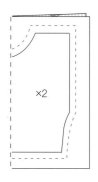

1 원단의 겉과 겉을 마주보게 접은
  뒤, 접힌 선에 맞추어 도안을 대
  고 2장을 그려 주세요.

2 시접(4mm)을 그린 후 가위로
  잘라 주세요.

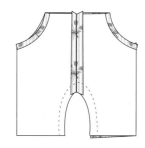

3 진동선을 접어 풀로 붙여 주고,
  앞판과 뒷판의 중심선을 맞대
  어 표시된 선까지 앞뒷면 모두
  홈질해 주세요.

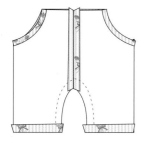

4 중심선을 잘 맞춘 뒤 바지 안쪽
  선을 각각 홈질해 주세요.

5 바지 아랫단의 시접을 접어
  홈질해 주세요.

어깨끈

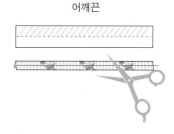

6 사이즈보다 조금 크게 재단하여
  풀을 골고루 발라 반을 접어 붙
  인 뒤 원하는 두께로 잘라 사용
  하세요.

7 길이에 맞게 조정하여 크로스하여 위치를 잡고
  실로 고정하거나 풀로 붙여 주세요.

9

허리 앞치마

재료 원단(면 또는 린넨) 7×3cm, 허리 끈 원단(면 또는 린넨) 12×0.6cm, 도안(136쪽)
도구 실, 바늘, 가위, 목공용 풀

HOW TO MAKE

12×0.6cm

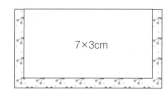

7×3cm

1 원단을 사이즈대로 재단합니다.

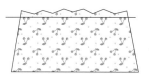

2 옆선의 시접은 풀로 붙여 줍니다.

3 아랫단을 접어 홈질합니다.

4 허리단에 아코디언 주름을 잡아가며 박음질합니다.

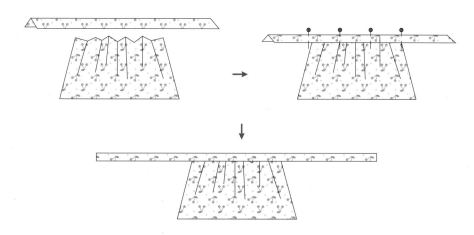

5 허리끈을 반 접은 후, 앞치마의 중심선에 맞추어 시침핀으로 고정한 후 홈질하거나 풀로 붙여 줍니다.

프렌치 노트s
347(3가닥 2회)

크로스s
522(2)

자수가 있는 허리 앞치마를 만들 수도 있어요.

10

모자

재료 소프트 펠트지 2mm, 도안(136쪽)
도구 실, 바늘, 가위

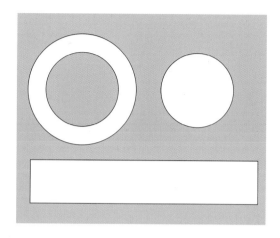

1   펠트지에 도안을 대고 그려서 시접 없이 오려 줍니다.

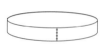

2 모자의 옆면을 반 접어서 시침질해 주어
   링 모양으로 만듭니다.

3 모자의 윗면과 링의 모서리를 맞대고
   감침질해 줍니다.

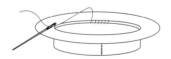 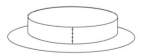

4 연결한 모자의 뚜껑과 챙의 모서리를 맞대고
   감침질해 줍니다.

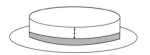

5 실이나 리본으로 장식해 줍니다.

11

목도리

재료 원단(면) 8×2cm
도구 실, 바늘, 가위

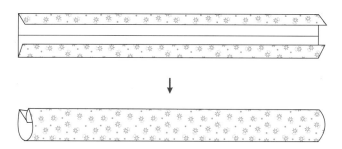

1 원단을 사이즈대로 오린 후, 양끝 시접 5mm를
접어 반으로 접어 줍니다.

2 끝부분을 감침질해 줍니다.

12

케이프

재료 원단(면), 도안(137쪽)
도구 실, 바늘, 가위

케이프 원본 사이즈 도안

1 원단을 도안에 맞게 자릅니다. 바깥쪽은 핑킹가위로
  잘라 줍니다. 레이스를 붙여 주어도 좋아요.

스트레이트s
3743(3)

스트레이트s
372(3)

2 수를 놓아 줍니다.

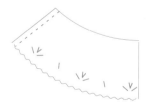

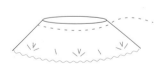

3 겉면끼리 맞대어 접은 후
  끝부분을 홈질해 주세요.

4 목 부분에서 3mm 정도 선에 홈질한 후
  인형의 목에 씌운 뒤 당겨서 적당히 주름
  을 잡아 주세요.

PART
01

소녀들의 봄, 여름, 가을, 겨울

1

봄

온 세상이 노란빛, 연둣빛으로 물드는 봄이에요.
뽀글이 올림머리에 자수를 놓은 새하얀 앞치마 원피스를 입은 앙증맞은 소녀예요.

옆 올림머리를 하고 눈썹을 한껏 올린 사랑스러운 소녀가 노란 스카프에 꽃주름 치마를 입고
봄나들이 가요. 가슴에 빨간 꽃 한송이의 자수가 소녀 감성 충만한 포인트를 주네요.

e water
t a close
hat they
ur takes
of the
isting of
on the
es in an
e stages
noticed
contain
angwort
etchling
rs. The
ants on
, as the

eat pro-
s and in
kingcup
l other
me-not,
ch differ
ess and

V—X; 2I;
15—45 cm.
Rhizome:
Creeping.
Stems: Erect or
decumbent,
angular at the
base.
Leaves: Alternate,
oblong-lanceolate,
narrowing to
a winged petiole,
upper sessile.
Flowers: In cymes,
sky-blue, pink
when young,
with a small
yellow eye.
Fruits: 4 glossy
black achenes.
Eu., As., N. Af.,
N. Am.

1 — flower

The pea family
Leguminosae

—X; ♃ ;
—20 cm;
ms: Rooting,
eeping or
cumbent.
aves: Trifoliate,
tiolate with
ge stipules.
ower heads:
ade up of
merous florets.
yx: 10-veined.
rolla: White
pink,
casionally
rplish.
uit: A pod,
–6 seeds.
iginally
rhaps Eu.,
ay found in
continents.

flower

2

여름

파랗고 시원한 여름 바닷가에 휴가 왔어요.
시원하게 올림머리를 하고, 리본을 질끈 묶어 주면 포인트가 돼요.
스트라이프 민소매 원피스를 입으니 시원해 보이죠~.

발랄한 양 갈래 머리를 했어요.
화려한 초록 꽃 도안의 앞치마 원피스가 포인트가 되네요.

3

가을

커피 향이 가득한 가을이에요. 양 갈래로 머리를 곱게 땋고 모자를 쓴 바리스타 소녀예요.
앞치마 질끈 동여매고 예쁜 미소로 손님 맞을 준비를 하고 있어요~.

진한 갈색 머리에 그윽한 파란 눈의 소녀예요.
가을 느낌 물씬 나는 오렌지빛 레이스 주름치마에 체크 목도리를 두르고 가을 나들이 가요.

4

겨울

회색 목도리를 질끈 동여 묶고 꽁꽁 언 손으로
눈사람을 만들러 나왔어요.
새하얀 눈을 보고 신나서 눈싸움 하고
눈사람도 만들어요.

카키 니트 모자와 목도리를 하고 나와도 추운지
볼빨간 삐삐머리 소녀예요.
입지 않는 니트나 기모 티셔츠를 잘라서
모자와 목도리, 조끼를 만들었어요.

PART 02

앤틱 소녀들

블랙과 화이트, 그레이 등 무채색으로 매치한 우아한 소녀들은
앤틱한 분위기와 잘 어울린답니다.
빈티지 레이스로 장식해서 여성스러운 느낌이 물씬 풍겨요.

K.BLUE'S
❀
≈ Lovely Rag Doll ≈

PART 03

동물 프렌즈

토끼, 곰, 강아지, 고양이 동물 친구들을 소개합니다.
브로치나 키링으로 만들면 정말 귀여운 액세서리가 됩니다.

1

토끼 친구 1

도안 138쪽

1 패브릭에 도안을 대고 그린 후, 촘촘히 홈질해 주세요.

2 겸자가위로 뒤집어 주세요.

3 방울솜을 넣어 주세요.

4 눈과 코, 입을 자수로 수놓은 후 볼 터치를 해줍니다.

5 몸통과 얼굴을 공그르기로 연결해 주세요.

6 귀에 스티치를 해 준 뒤 완성

2

토끼 친구 2

도안 138쪽

1 패브릭에 얼굴과 귀 도안을 대고
그린 후, 촘촘히 홈질해 주세요.

2 겸자가위로 뒤집어 주세요.

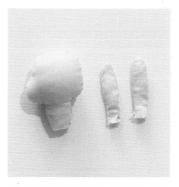

3 얼굴에 방울솜을 넣어 주고, 귀에
는 약간의 방울솜을 채워 주세요.

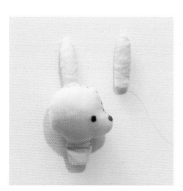

4 눈과 코, 입을 자수로 놓아 주세
요. 이때 더 귀여운 모습을 위해
볼 터치를 해도 좋습니다.

5 귀의 아래 시접을 안으로 말아넣
고 감침질한 후, 얼굴의 적당한
위치에 공그르기로 붙여 준 뒤
완성

3

곰 친구

도안 138쪽

1 패브릭에 도안을 대고 그린 후, 촘촘히 홈질해 주세요. 주둥이 패브릭은 도안 주변을 둘러 홈질해 주세요.

2 겸자가위로 뒤집어 주세요. 주둥이는 도안을 안에 넣은 채로, 홈질한 실을 당겨 모양을 유지해 주세요.

3 주둥이 안쪽에 도안을 빼고, 약간의 솜을 채워 주세요.

4 시침핀으로 위치에 고정한 후, 공그르기 해 주세요.

5 눈과 코를 수놓아 주세요.

6 귀를 스트레이트 스티치로 한 땀 집어 주세요.

4

고양이 친구

도안 139쪽

1 패브릭에 도안을 대고 그린 후, 촘촘히 홈질해 주세요.

2 겸자가위로 뒤집어 주세요.

3 주둥이 부분은 도안 주변을 둘러 홈질한 후, 도안을
안에 넣은 채로 실을 당겨 동그란 모양을 유지한 후,
도안을 빼고 솜을 약간 넣어 주세요.
얼굴에 방울솜을 넣어 주세요.

4 주둥이를 얼굴에 공그르기로 붙여 주세요.

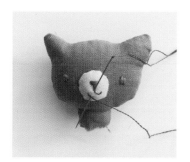

5 눈과 코, 입을 수놓아 주세요.

6 실을 주둥이로 2가닥 통과시켜
풀로 고정한 후, 적당한 길이로
잘라 주세요.

7 볼 터치를 해 주세요.

5

강아지 친구

도안 138쪽

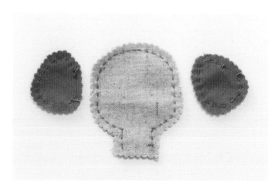

1 패브릭에 도안을 대고 그린 후, 촘촘히 홈질해 주세요. 귀는 창구멍을 남기고 홈질해 주세요.

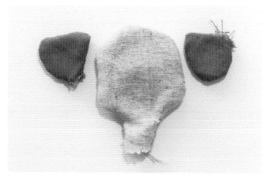

2 겸자가위로 뒤집어 주세요.

3 얼굴과 귀에 솜을 채워 주세요.

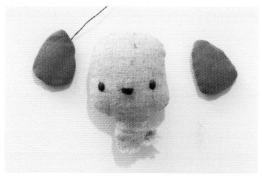

4 귀는 창구멍을 감침질로 막아 주세요.

5 위치에 공그르기로 붙여 주세요.

6 완성! 이때 더 귀여운 모습을 위해 볼 터치를 해도 좋습니다.

PART 04

와글와글 동물 세상

와글와글 한꺼번에 모아두니 속닥속닥 이야기가 들리는 듯해요.
간단하게 만든 동물 친구들은 모빌로 만들거나, 아기들 장난감, 브로치, 키링 등
생활 속에서 다양한 소품의 포인트가 되어 줄 거예요.

1

오리

도안 140쪽

1 패브릭의 겉면에 주둥이를 프리 스티치로 수놓아 준
   뒤 원단 2장을 맞대어 도안을 대고 그려서 창구멍을
   제외하고 홈질해 줍니다.

2 곡선 부분은 가위집을 준 후 겸자가위로 뒤집어 줍
   니다.

3 솜을 넣은 뒤 창구멍을 공그르기
   도 막아줍니다.

4 눈을 수놓아 줍니다.

5 볼 터치를 해 준 뒤, 목도리를 만
   들어 묶어 줍니다.

2

새

도안 140쪽

1 각각의 패브릭에 도안을 대고 그린 후, 창구멍을 제외하고 홈질해 줍니다.

2 주둥이를 뒤집은 후, 얼굴에 위치 잡아 안쪽으로 넣어 박음질해 줍니다.

3 날개도 뒤집어 솜을 넣어줍니다.

4 꼬리와 몸통 부분에 자수를 놓아 줍니다.

5 눈을 수놓아 주고, 날개를 공그르기도 붙여 줍니다.

6 완성

3

돼지

도안 141쪽

1 패브릭에 도안을 대고 그려 홈질해 줍니다. 코 부분이 창구멍입니다. 코의 앞부분은 도안 주변을 둘러, 홈질한 뒤 종이 도안을 안에 넣은 후 실을 당겨서 모양을 잡아 준비합니다.

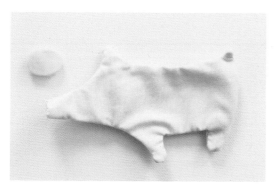

2 겸자가위로 뒤집어 줍니다.

3 솜을 넣어 주세요.

4 코는 종이 도안을 빼낸 후 공그르기로 붙여 주세요.

5 눈을 수놓은 뒤 리본으로 장식해 주면 더 귀여운 모습으로 완성할 수 있습니다.

4

곰

도안 141쪽

1 원단 2장을 겹쳐서 얼굴, 몸통, 귀는 도안을 대고 그리고, 주둥이는 다른 색 원단 1장에 그린 후 얼굴과 몸통은 창구멍을 남기고 홈질해 줍니다.

2 겸자가위로 뒤집어 줍니다.

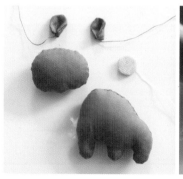

3 귀는 아랫쪽에 시접을 접어 넣고 감침질한 후, 끝부분을 반으로 접어 실로 고정해 줍니다.

4 몸통과 얼굴은 솜을 넣은 후, 공그르기 또는 감침질로 마무리해 줍니다. 이때 주둥이는 도안의 바깥 선으로 홈질하여 종이 도안을 안에 넣은 후 실을 당겨 오므린 후 종이를 빼내고 솜을 적당히 채워 줍니다.

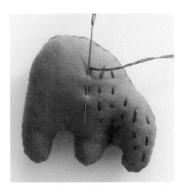

5 얼굴에 주둥이의 위치를 잡아 시
침핀으로 고정한 후, 공그르기로
붙여 줍니다.

6 귀도 위치를 잡고 시침핀으로 고
정한 후, 공그르기로 붙여 줍니다.

7 몸통에 드문드문 러닝 스티치를
수놓아 줍니다.

8 얼굴에 수를 놓아 코와 눈을 완성합니다.

9 몸통에 머리의 위치를 잡고, 시
침핀으로 고정하여 뒤쪽으로 공
그르기로 붙여 줍니다.

강아지

도안 141쪽

1 원단 2장을 겹쳐서 얼굴, 몸통, 귀는 도안을 대고 그려 줍니다.

2 겸자가위로 뒤집어 줍니다.

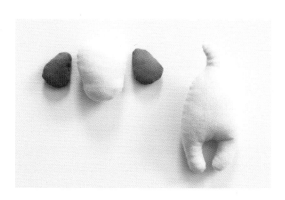

3 솜을 채워 넣고, 창구멍을 막아 줍니다.

4 귀를 공그르기로 붙여준 후 얼굴이나 몸통에 수를 놓아 줍니다.

5 몸통에 얼굴의 위치를 잡아 시침핀으로 고정한 뒤, 뒤쪽에 공그르기로 고정한 후 목도리를 둘러 주면, 완성!

6

고양이

도안 142쪽

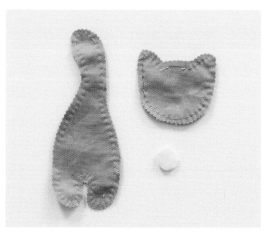

1 원단 2장을 겹쳐서 얼굴, 몸통은 도안을 대고 그려
   줍니다.

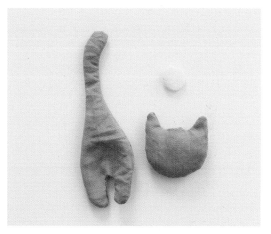

2 겸자가위로 뒤집어 주고, 주둥이는 도안의 바깥 선으
   로 홈질하여 종이 도안을 안에 넣은 후 실을 당겨 오
   므려 주고, 종이를 빼어내고 솜을 적당히 채워 줍니다.

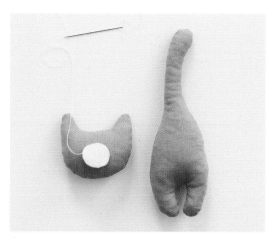

3 주둥이는 얼굴에 위치를 잡아 공그르기로 붙여 줍니다.

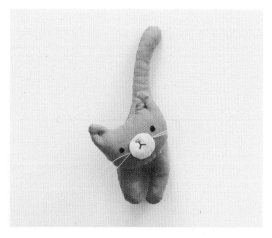

4 얼굴이나 몸통에 수를 놓아서 완성합니다.

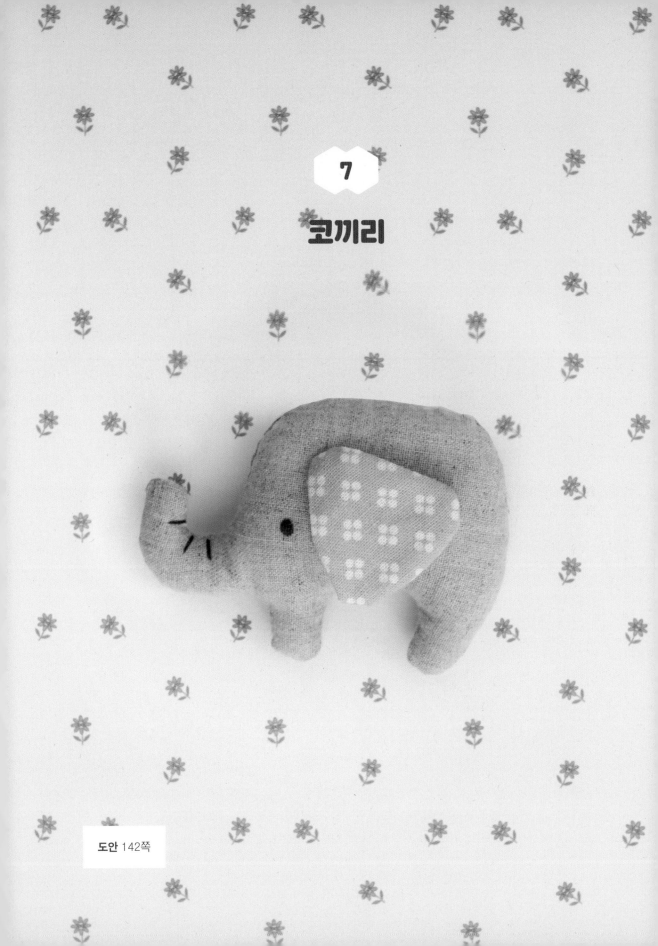

7

코끼리

도안 142쪽

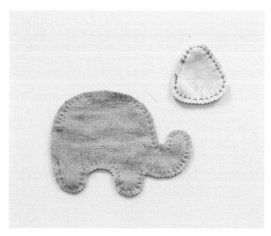

1 원단 2장을 겹쳐서 몸통과 귀의 도안을 대고 그려 준
뒤, 창구멍을 제외하고 홈질해 줍니다.

2 겸자가위로 뒤집어 줍니다.

3 몸통에 솜을 넣고 창구멍을 메워 준 후 귀는 위치를
잡아 공그르기로 위쪽을 고정해 줍니다.

4 눈과 코를 수놓으면, 완성!

8

기린

도안 143쪽

1 원단 2장을 겹쳐서 몸통의 도안을 대고 그려 준 뒤,
창구멍을 제외하고 홈질해 줍니다.

2 겸자가위로 뒤집어 줍니다.

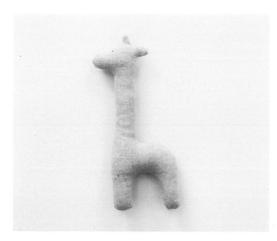

3 몸통에 솜을 넣고 창구멍을 메워 줍니다.

4 몸통과 얼굴에 수를 놓아 주면, 완성!

9

포니

도안 143쪽

1 원단 2장을 겹쳐서 몸통의 도안을 대고 그려 준 뒤, 창구멍을 제외하고 홈질해 줍니다. 갈귀는 다른 색 원단에 그려서 홈질하여 창구멍으로 뒤집어 공그르기로 막아 줍니다.

2 겸자가위로 뒤집어 줍니다.

3 몸통에 솜을 넣고 창구멍을 메워 줍니다.

4 몸통과 얼굴에 수를 놓은 후 갈귀의 위치를 잡아 공그르기로 붙여 줍니다.

10

아기 양

도안 144쪽

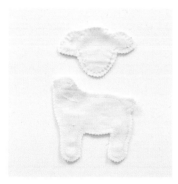

1 원단 2장을 겹쳐서 얼굴과 몸통의 도안을 대고 그려 준 뒤, 창구멍을 제외하고 홈질해 줍니다.

2 겸자가위로 뒤집어 줍니다.

3 얼굴과 몸통에 솜을 넣고, 창구멍을 공그르기로 막아 줍니다.

4 얼굴과 귀에 수를 놓아 줍니다.

5 목도리를 만들어 묶어 주면, 완성!

11

나무

도안 144쪽

1 원단 2장을 겹쳐 나무의 삼각형 도안을 대고 그려 준 뒤, 창구멍을 제외하고 홈질해 줍니다.

2 나무의 기둥부분도 윗부분을 제외하고 홈질하여 뒤집어 줍니다.

3 겸자가위로 뒤집어 너무 뚱뚱하지 않게 솜을 넣어 줍니다.

4 기둥에도 솜을 넣은 뒤, 나무의 창구멍에 기둥을 끼워서 공그르기를 해 줍니다.

5 수를 놓아 줍니다.

● 얼굴과 몸체 ●

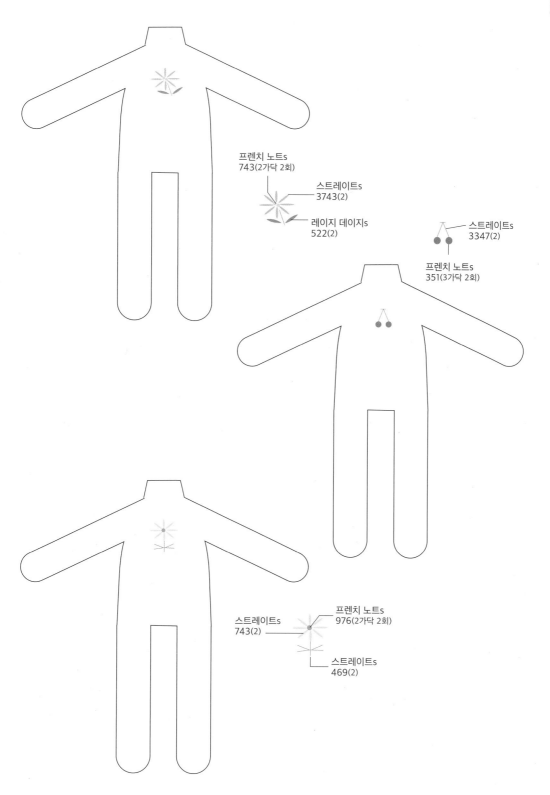

프렌치 노트s
743(2가닥 2회)

스트레이트s
3743(2)

레이지 데이지s
522(2)

스트레이트s
3347(2)

프렌치 노트s
351(3가닥 2회)

프렌치 노트s
976(2가닥 2회)

스트레이트s
743(2)

스트레이트s
469(2)

도안

● 주름치마 ●

18×3.5cm

● 앞치마 원피스 ●

0.6×4cm

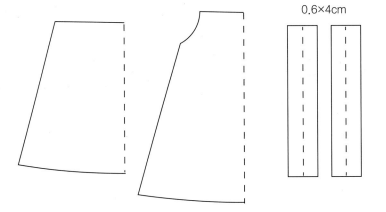

● 일자 반바지 ●

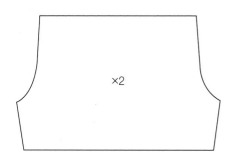

● 멜빵 소시지 반바지 ●

0.6×6.5cm

● 긴 바지 ●

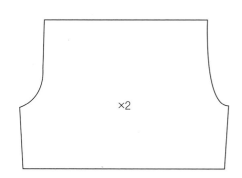

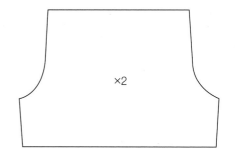

● 멜빵 바지 ●

0.6×4cm

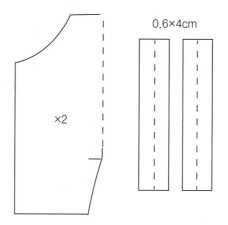

도안

● 허리 앞치마 ●

12×0.6cm

7×3cm

● 모자 ●

8.8×1.65cm

● 케이프 ●

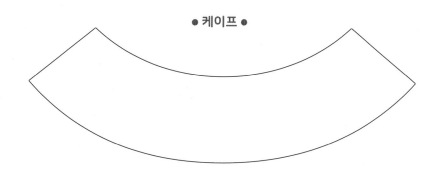

● 점프슈트 ●

×2

● 민소매 티 ●

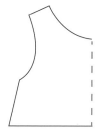

×2

● 민소매 원피스 ●

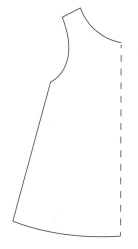
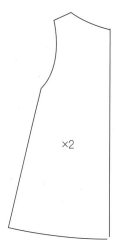

×2

● 조끼 ●

×2

도안

● 곰 친구 ●

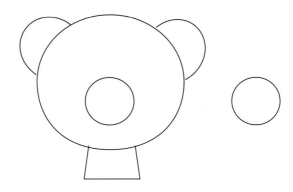

● 강아지 친구 ●

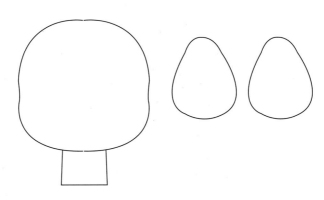

● 토끼 친구1 ●

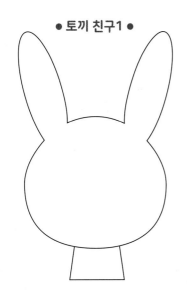

● 토끼 친구2 ●

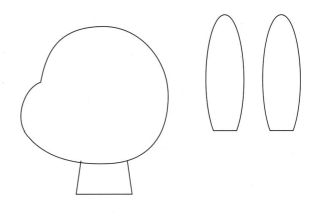

● 고양이 친구 ●

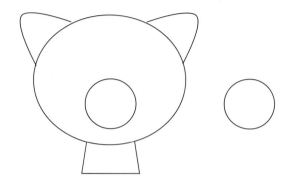

● 몸통 공통 ●

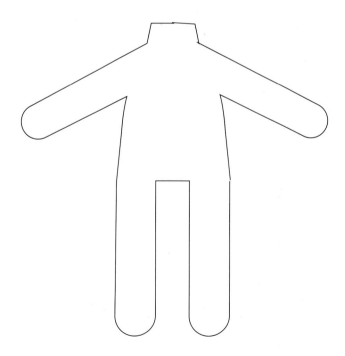

도안

●오리●

●새●

● 돼지 ●

● 곰 ●

● 강아지 ●

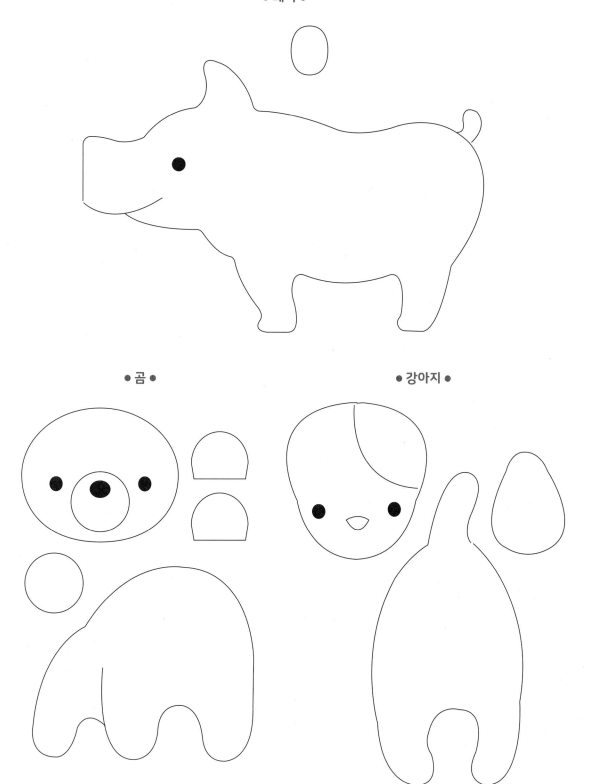

도안

● 고양이 ●

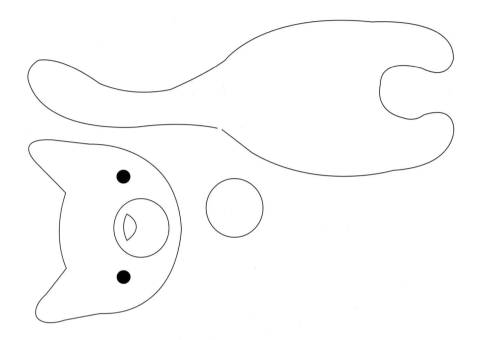

● 코끼리 ●

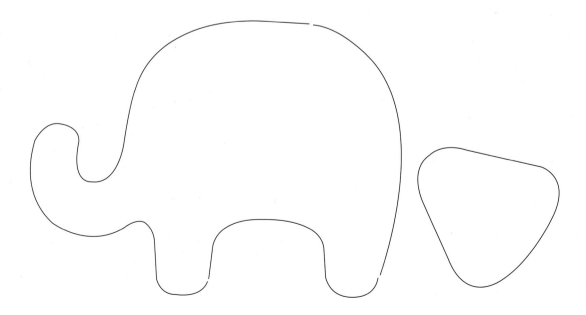

● 기린 ●

● 포니 ●

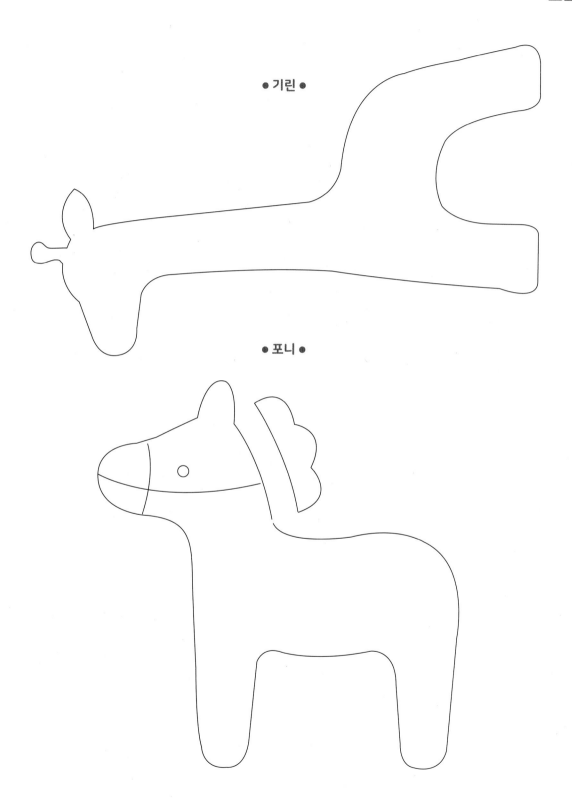

도안

●아기 양●

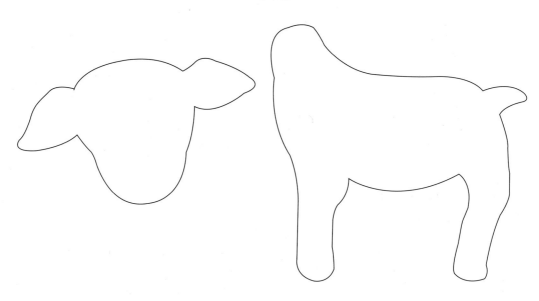

●나무●

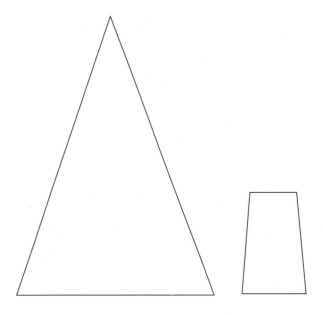